惊险至极

The Book of Perfectly
Perilous Math

的12个数学挑战

【美】肖恩·康诺利 著
江春莲 冯琳 鲁磊 译

U0397463

 上海科技教育出版社

目　录

高级挑战

序 言

　　《惊险至极的12个数学挑战》这本书让你思考了，对吗？读完这本书，你就会发现其惊险所在。在沉船残骸中，你水肺里的氧气持续减少；吸血鬼即将接管整个城市；还有被致命毒蜘蛛狠狠地咬伤等等。这些事情都很惊险，而且它们还有两个共同之处。一是运用一些基本的数学工具就可以找到问题的解决办法，二是你被选定为找到那些数学工具并用它们来解决问题的人！

　　以上就是对"惊险"的解释，但怎样理解"至极"呢？把它们置于"数学"这个词之前是什么意思呢？事实上，这并不奇怪。试想，如果有一个复杂的除法问题，你绞尽脑汁得到了答案，而且没有余数，是不是完美至极？你可以把这种追求极致完美的想法进一步运用到数学领域。一个棒球明星，如果让对方没有跑垒、没有击中球，不发生四坏球上垒，也不出现失误，那么他就完成了一场完美至极的比赛。那些能够识别或者准确重现一连串特定音符的杰出音乐人，则具有达到极致的音高辨别力。要知道，每一个音符都有它自己的频率，而这些都是数！

现实生活中的数学

这本书中包含了12个挑战，这些挑战将带你进入一个数学课程与现实生活互相碰撞的奇妙世界。当然，如果你拿20元钱去买两瓶汽水和一个蛋筒冰淇淋，你肯定知道要找回多少零钱。但是，这本书中的挑战将把你拖离舒适的生活，扔进一个危机四伏的世界。就像你每次付款或者为朋友们分比萨时那样，你必须把你所知的数学技能调集起来……只是这一次的风险比较大，而且大很多。

这本书中的每一个挑战都会让你如坐针毡。你会面临一些棘手的，甚至生死攸关的问题，这些问题需要快速得到解决。要找到这些问题的答案，你必须调用你所有的数学技能。那些每天在数学课堂中学到的技能与概念在此时会有不一样的意义——它们是你的存活手段！

与美国《共同核心州立标准》中五、六、七三个年级的数学标准相一致，挑战中的问题可依你存活机会的大小分为三个不同的难度水平，依次是"你可能活下来（五年级）"，"你几乎不行了（六年级）"，以及"你死定了（七年级）"。每个问题的"存活手段"会给出一些提示，告诉你需要使用哪些数学工具来帮你渡过难关。

也许你能快速找到相应的数学工具解决问题。如果不行，你可以向欧几里得求助，他是最伟大的数学家之一。每一个挑战都包含一个"欧几里得的建议"，它会帮助你找到正确的思路。你可以把欧几里得想象成一个愿意偷偷给你提示的益友。

接下来是"答案"，或者至少是我们得到答案的方法。数学问题常常可以用不同的方法解决，而且大多需要一系列的步骤，所以你可以把我们提供的解答看作通向目的地的许多道路中的一条。在这里，你会发现，所有数学思想就像在数学课堂上那样一起涌现，只不过是在一个新的、刺激的环境中。

每一个挑战都以"数学实验室"作为结束，它会一步一步地教你如何将那些数学原理（解决问题的方法）运用到实际之中。你前面面对的挑战是非常惊险的，而在数学实验室里就该轻松一下了。不要一看到"实验室"这几个字，你就想到各种特殊器材。数学实验室的活动可以让你检验和揭示数学原理，但使用的都是你能轻易找到的简单材料，例如沙子、冰淇淋、篮球、硬纸板、松果、玉米片。

那些散布在书中的"脑力锻炼"呢？它们通过诙谐的方式告诉你，可以用数学做一些很酷的事情！对本书的解释已经够多了。该是你解决这些惊险问题的时候了。现在就开始吧！

初级挑战

挑战

　　时间回到1714年，你在一个黑暗的西班牙监狱里。你醒了过来，发现自己被人用绳子绑在一张桌子上。黑暗中，你听见很规则的嗖嗖声——好像有什么东西在一来一回、一来一回地摆动着。终于，你的眼睛适应了黑暗，你发现这声音来自一把锋利的大刀片！这把大刀片就固定在你身体上方的长钟摆末端，随着钟摆来回摆动着。每摆过一次，它就下降一点，离你的胸口也更近一点。

你注意到，大刀片每摆过一次正好需要7秒。而每次摆动后，大刀片就下降1英寸①（约2.5厘米）。上一次摆过时，大刀片正好在你的胸部上方15英寸（约38厘米）。没有多久，大刀片就会降下来把你切成两半。

你应该尖叫着呼救吗？这样做可能会唤来守卫，而他会一剑就把你当场解决了。

不过且慢！你看见手臂上有一只老鼠，它正在啃啮捆住你的绳子。实际上，它还需要1分钟就能咬断你身上的绳子，那时你就能脱身了。

老鼠咬断绳子是在大刀片从你胸部切下去之前还是之后呢？你到底需要多少时间来脱身？

欧几里得的建议

你有解决这个问题所需的所有信息。基本上，这是老鼠和钟摆下的大刀片之间的一场竞速比赛！

· 你知道老鼠咬断绳子需要的时间。

· 你知道大刀片要下降多少才能切到你，还知道它每次摆动下降的高度及花费的时间。

---

① 1英寸约为2.5厘米。——译注

工作单

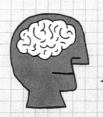

你的解答

答案

老鼠会在钟摆下的大刀片切到你的胸部之前45秒咬断绳子。

解答步骤:

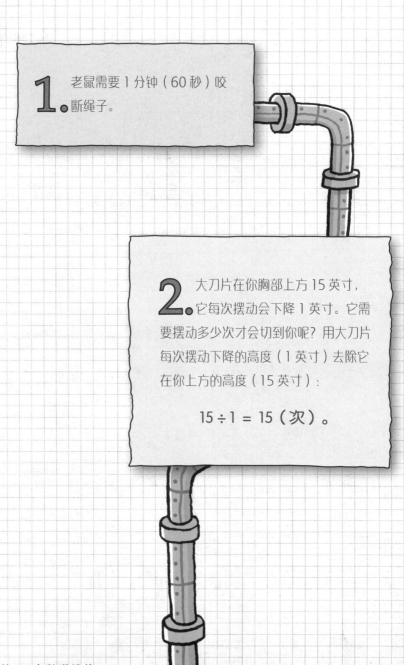

1. 老鼠需要1分钟(60秒)咬断绳子。

2. 大刀片在你胸部上方15英寸,它每次摆动会下降1英寸。它需要摆动多少次才会切到你呢? 用大刀片每次摆动下降的高度(1英寸)去除它在你上方的高度(15英寸):

$$15 \div 1 = 15 \text{(次)}。$$

3. 每次摆动花费 7 秒，15 次摆动需要多少时间？用摆动的次数去乘每次摆动花费的时间（7 秒）：

$$7 \times 15 = 105 （秒）。$$

4. 老鼠只要 60 秒就可以咬断绳子，所以老鼠抢在了钟摆之前！

5. 求出大刀片切到你的胸部前你可以用来脱身的时间，用前面求得的较长的时间（钟摆的 105 秒）减去较短的时间（老鼠的 60 秒）：

$$105 - 60 = 45 （秒）。$$

你有 45 秒时间可以脱身！

呵呵！你被老鼠救了。

试着做做下面的实验,你就会明白摆及其运动规律了。

实验器材

- 90厘米长的绳子
- 至少75厘米高的桌子
- 钥匙
- 尺
- 剪刀
- 可以计秒的表
- 4~5本较重的书

实验步骤

1. 拿起90厘米长的绳子和那把钥匙。

2. 将绳子一端穿过钥匙孔并绕回来打一个结。

3. 将结外多余的绳子剪掉,将结移到钥匙正上方的中央,让钥匙笔直向下挂着。

4. 将书堆在桌子上,并将绳子的另一端压在书底下。

5. 量一量绳子垂下来那一段(你的摆)的长度,做一些调整,使得从桌子边缘到钥匙底端有60

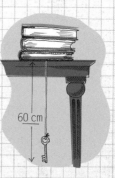

60 cm

厘米长。把绳子从书底下抽出一些或往里塞进一些，使摆降低或升高。

6. 现在将摆向右边拉起约 30 厘米，使它与桌沿在同一平面，松开后，记录它在 1 分钟内通过中心的次数。

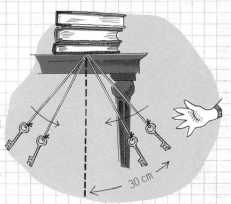

30 cm

7. 让摆停下来，将它向右边拉起约 15 厘米，使它与桌沿在同一平面，再次松开，记录它在 1 分钟内通过中心的次数。

8. 调整压在书底下的绳子，使垂下来的摆长改变为 45 厘米。

9. 重复步骤 6 和 7。

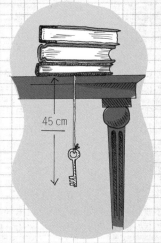

45 cm

10. 当你改变绳长时，发生了什么情况？你的实验结果说明了摆运动的什么特性？

解答： 不管摆的摆幅有多大，给定长度的摆（此实验中是 60 厘米或 45 厘米）在给定时间（此实验中是 1 分钟）内摆动的次数是相同的。其摆动的次数只受摆长的影响。

第2关

存活机会：**你可能活下来**

存活手段：**分数、相等性**

死　　因：**解雇**

挑战

　　今天是你在《T台》杂志社工作的第一天,你的梦想终于实现了!你从低级的编辑助理开始做起,还有好长的一段路要走,但只要你足够勤奋、耐心等待,也许有一天你会飞到米兰或巴黎去看最新的时装系列。

　　但这对你来说还是一个白日梦。当前,你只是《T台》杂志资深编辑迪费罗女士的助手,听说迪费罗女士是工作中的女强人。人们传说设计师、摄影师、前台接待和编辑助理等看见她都怕得要命,有时会被她骂

我们习惯了从一大堆配料中挑选一些喜欢的加到比萨上，不管是厚比萨还是薄脆比萨。可意大利人经常做更简单的选择，比如只选芝士加番茄或一些甜椒片。

得狗血淋头。你不会明白为什么你的前任只坚持了一天就不干了。

你正站在编辑部外面，门开了，有人叫住了你："迪费罗女士找你，马上！"

编辑部里，一群人正挤在那张最大的桌子边开会。你认出了时装设计师、超模、两位流行歌手、摄影师等，当然还有迪费罗女士，她正直视着你。

"好了，听好了！半小时后我们就要开始拍摄，所以我们先要吃点午餐。比萨，这样比较快。下面第七大道上的 Da Noi 比萨店不送外卖，所以我要你去买一些回来。只要芝士的就行。大家是不是都很饿？我现在点名，叫到你名字时你就告诉我的助手你要多少比萨。"

"斯卡拉双胞胎？"

"每人一块。"

"美编部？"

"两个比萨。"

"吉诺？"

"半个比萨。"

"文字编辑？"

"我们分享一个比萨。"

"阿图罗？"

"三块。"

"斯蒂夫，我们可靠的司机？"

"一,一个比萨。"

"我就要一块,"迪费罗女士说。她递给你一叠钞票后打发你离开,"他们只收现金。快去快回!"

在乘电梯下去的时候,你数了一下现金,刚好90美元。这些钱够吗?万一不够,你手头没有自带的现金可用,而且你没有时间去再拿点钱。

到了 Da Noi 比萨店,你踮着脚观察别的顾客。每个比萨都被切成12块,无一例外。在你前面的那个人买了两个比萨,付了正好36美元。

轮到你了! 你带的钱够吗? 你明天还能有这份工作吗?

欧几里得的建议

你需要知道两件事情: 一是每个比萨多少钱, 二是一个比萨分成多少块。

· 第一件事情很简单:你知道两个比萨要多少钱。

· 第二件事情也不难:你知道 Da Noi 的比萨都被切成12块。

· 现在你需要把大家叫的块数加起来,看看能拼成多少个完整的比萨。

· 然后将这些"拼起来的比萨"个数与其他人叫的完整的比萨个数合在一起,看一共需要买多少个比萨。

工作单

你的解答

答案

你带的钱刚刚好，因为你需要买5个比萨，一共花费90美元。

解答步骤：

1. 先计算你需要买的比萨个数。还记得吧，一个比萨有12块，所以你可以把一块比萨当作 $\frac{1}{12}$ 个比萨。先把完整的比萨个数列出来。

美编部	2 个比萨
文字编辑	1 个比萨
司机斯蒂夫	1 个比萨
合计	**4 个比萨**

2. 现在把比萨块数列出来。

斯卡拉双胞胎	2 块（$\frac{2}{12}$）
吉诺	6 块（$\frac{6}{12}$）
阿图罗	3 块（$\frac{3}{12}$）
迪费罗女士	1 块（$\frac{1}{12}$）

3. 把这些块数加起来：

$$\frac{2}{12} + \frac{6}{12} + \frac{3}{12} + \frac{1}{12} = 1,$$

合计 1 个比萨。

4.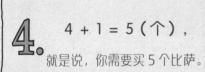

$$4 + 1 = 5（个），$$

就是说，你需要买 5 个比萨。

5. 最后，计算你带的钱是否足够买 5 个比萨。两个比萨 36 美元，

$$36 ÷ 2 = 18（美元），$$

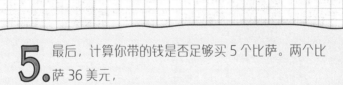

$$18 × 5 = 90（美元）。$$

就是说，5 个比萨刚好 90 美元。你带的钱正好给编辑部其他人买午餐。就这样了。

数学实验室

当你要买类似比萨的东西时，计算具体需要多少常常会把人搞糊涂。多大算"大的"？多小算"小的"？多少个小的可以拼成一个大的？两个小比萨和一个大比萨，哪种更划算？如果你知道比萨的直径，你就能用圆的面积公式算出来。有时结果会让你大吃一惊。

在今天的实验中，你会发现：即便每个小比萨的宽度都超过大比萨宽度的一半，两个小比萨的面积仍然可能比一个大比萨的小。你可以将圆半径的平方乘以一个特别的数 π（约等于 3.14）来算出一个圆的面积。π 是圆周率，表示每个圆的周长和直径的比，它是一个常数。

实验器材

- 3 张 A4 尺寸的彩色硬纸板（2 张蓝色、1 张红色）
- 圆规
- 铅笔
- 剪刀

实验步骤

1. 将一张蓝色的硬纸板放在桌子上，用圆规画出一个半径为 5 厘米的圆。

2. 剪下这个圆，放在一旁待用。

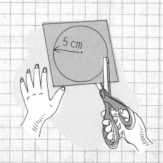

3. 对另外一张蓝色的硬纸板，重复前面的步骤1和步骤2。

4. 拿出红色的硬纸板，用圆规画出一个半径为7.5厘米的圆。

5. 剪下这个圆。

7.5 cm

6. 试着将两个蓝色的圆不重叠地放在红色的大圆里面。你可以将蓝色的圆剪成小片，把它们不重叠地放在露出红色的地方。

7. 当你把蓝色的圆全部剪开，并把它们不重叠地覆盖到红色的圆上时，你会发现还有一些红色露着。这就证明了大圆的面积比两个小圆加起来的面积还要大。

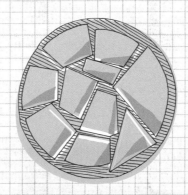

8. 当然，你可以用学过的数学知识来比较它们的面积，而不把时间浪费在剪剪拼拼上。圆的面积公式是：

$$A = \pi r^2。$$

红色大圆（半径为 7.5 厘米）的面积是：

$$\pi \times 7.5^2 = 3.14 \times 56.25 = 176.625（平方厘米）。$$

单个蓝色小圆的面积是：

$$\pi \times 5^2 = 3.14 \times 25 = 78.5（平方厘米）。$$

这个值的 2 倍就是 157 平方厘米，仍然比红色大圆的面积要小。

中级挑战

挑战

你正赶去营救你的国王最信任的学者，据说她不需要把数字写出来就能够以闪电般的速度在头脑中进行数学运算。当然，这种杰出的人才对国王和君主们都是十分有用的，难怪这位智者会被敌方国王抓获。

在你靠近那座关押着受国王重用的学者的塔时，你察觉到自己正被敌方的骑士们追捕。今天阳光明媚，你前方的地面平坦易行，而且塔顶的

斯穆特桥

1958年冬天的一个夜晚,麻省理工学院的一群学生发明了一种新的测量方法。他们用一个名叫斯穆特的新生来测量波士顿查尔斯河上一座桥的长度。千真万确!他们扛着他穿过大桥,测出他们走了多少个斯穆特身高的距离。他们称这种新的测量单位为"斯穆特",一来为了表示对这个新生志愿者的敬意,二来他们认为这个名字"听起来像瓦特或安培一样,比较具有科学性"。

麻省理工学院的学生还在距离桥尾10斯穆特的地方用油漆刷了一行字,写的是"364.4斯穆特外加一只耳朵长"。

景象清晰可见。

但是,周围没有发现梯子!敌方骑士们正在接近,你开始感到任务会失败……不,等等!你可以把袋中那些多余的被单结成一根长绳子,用你那可靠的长弓将绳子的一端射向塔顶,让那位学者能沿绳子爬下来。但是,需要多长的绳子呢?现在已没时间去进行试错检验了。

什么是你已知的?你的身高正好和你的长弓长度一样,5英尺[①](约1.5米),而你的影子长度则刚好是2.5长弓。你有了主意,并测量了一下塔的影子长度:20长弓。现在,你已有足够的信息可以算出塔的高度了!

塔有多高?为了营救国王的那位学者,你需要结一根多长的被单绳子?

影子与比例

阳光明媚的天气、平坦的地面和物体投射的影子是利用三角形来解决现实世界中比例问题的重要元素。物体的高是三角形的一边,它投射的影子是另一边,太阳射向地面的光线是第三边。由于地面是平的,这个三角形显然是直角三角形。你记得太阳射向地面的光线是平行的。这意味着如果你知道某个物体的高度,并能测出它的影子长度,你就可以求出附近另一个能测出影子长度的物体的高度。为什么?因为根据已知条件,

① 1英尺约为30.48厘米。——译注

你可以得到一对相似三角形，它们的对应边长成比例。建立比例方程，你就可以求出那条未知边的长度。

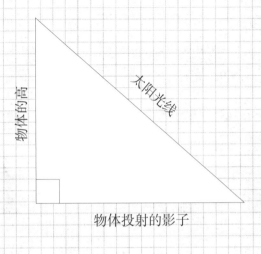

物体的高　　太阳光线

物体投射的影子

欧几里得的建议

写下所有已知条件。

· 阳光明媚，所以你能看到自己的影子。也就是说，在你周围的所有物体都有影子。

· 你利用5英尺的长弓测量了你的身高（1长弓）、你的影长（2.5长弓）和塔的影长（20长弓）。

· 有了这些数据，你能够画出两个相似三角形，并建立比例式去求那条未知边的长度。

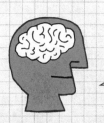

你 的 解答

答案

塔高40英尺（8长弓），所以你结的绳子要有40英尺长。

解答步骤：

1. 由已知条件，根据两个三角形相似，你可以建立比例式，求出塔的高度。

三角形1包括你［1长弓＝1×5＝5（英尺）］、你的影子［2.5长弓＝2.5×5＝12.5（英尺）］，以及太阳光线（你不需要知道这条边的长度，因为这条边与三角形2对应的边是平行的）。

三角形2包括塔（设它的高度为 h 英尺）、塔的影子［20长弓＝20×5＝100（英尺）］，以及太阳光线（你也不需要知道这条边的长度）。

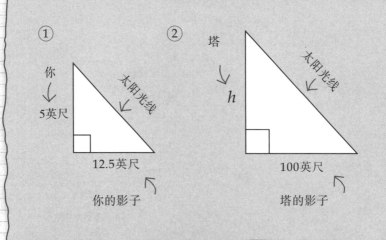

2. 建立比例式，把这些数交叉相乘，求出h。

$$\frac{5}{12.5} = \frac{h}{100}，500=12.5h，h=40。$$

这表明塔的高度是 40 英尺 [或是 40÷5 = 8（长弓）]。你的快速思考救了这位智者！

你还可以利用相似三角形的概念来测量大树、灯柱或旗杆的高度。当天气晴朗、物体肯定有影子的时候，你可以在公园、人行道或校园的平坦路段尝试一下这个活动。如果是在傍午或午后不久，影子比较短的时候做这个实验，其中的一些计算会更简单一些。

实验器材

· 附近空间比较开阔的大树（或灯柱、旗杆）

· 帮你进行测量的朋友

· 卷尺（或直尺）

实验步骤

1. 找一棵影子完全落在水平地面上的大树（或灯柱、旗杆），确保没有挡道的长凳、烧烤架或是野餐者。

2. 挨着大树站着，让你的朋友测量你的影子长，然后测量你的身高。这些数据表示第一个三角形的两条直角边长（竖直边和水平边）。

3. 现在，测量树影的长度。这个数据表示第二个三角形的水平边长。设树的高度为变量 h。

4. 用这些数来建立比例式，交叉相乘求得 h，即得待测物体的高度。

$$\frac{\text{你的身高}}{\text{你的影长}} = \frac{h}{\text{待测物体的影长}}$$

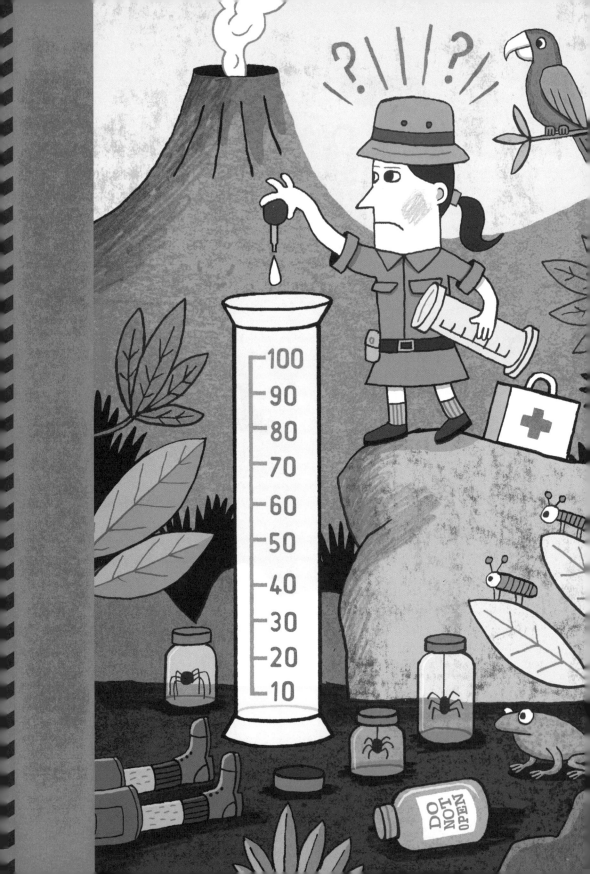

第**4**关	存活机会：你几乎不行了
	存活手段：比和比例
	死　　因：蜘蛛咬伤

挑战

　　你正在协助世界知名的科学家格罗格博士完成一项任务，到哥斯达黎加的山脉里去鉴别昆虫和蜘蛛的新品种。你和格罗格博士已经在丛林中呆了4天，做记录、拍照片、捕捉昆虫，并确认它们的栖息地。

　　你的工作是从花朵里面收集汁液，这些汁液将会用作后续研究，也就是放到显微镜下观察，以识别出昆虫吃的微小生物是什么。你需要进行精细的操作，用滴管吸取汁液，注入容量为10毫升的取样勺里，直到注满（10

混 合 量 筒

混合量筒是一种科学设备，用来准确地测量液体的容量。它是由高科技塑料或者安全玻璃之类的耐用透明材料制成的。量筒的筒身标着刻度，方便人们准确读出液体的容量。大多数混合量筒的刻度标的是升、厘升和毫升，因为科学家使用的大都是公制单位，而不是像品脱、盎司这样的美制计量单位。

滴）为止，再把这些取样勺里的溶液倒入容量为100毫升的混合量筒内。

就在你做着这些事情，并开始感到有点乏味的时候，危险发生了。格罗格博士被一只世界上最致命的巴西游走蛛咬伤了！被这种蜘蛛咬上一口，如果不能立即给予抗毒血清治疗，人就会死。而唯一受过训练、会配制血清的那个人，现在完全没有意识了！

时间紧迫，必须快速行动！你在急救袋中找到了抗毒血清。用药指示上说，你必须在7分钟之内滴3滴血清到格罗格博士的舌头上，但血清的浓度必须是100万分之一。如果浓度过高，血清会害死他。如果浓度过低，他会死于蜘蛛的毒液。

你能够设计出一系列的步骤，将纯血清稀释到100万分之一的浓度吗？

比

简单地讲，比就是两个事物之间的比较。因此，如果你有2只瓢虫和5朵花，那么瓢虫和花的数量之比就是2比5（或2：5，2/5）。那么，对溶液而言，类似本问题中的解药，情况又如何呢？其实是一样的！如果你把1毫升果汁倒入100毫升水中，则果汁和水的比就是1比100（或百分之一，1：100，1/100）。

欧几里得的建议

美国人对公制单位比较陌生，但它们使用起来却很方便，因为它们都是 10、100、1000 进制的，而不像美国的那些单位是 2、4、12、16 进制的。

写下所有已知条件。

· 开始时，血清的浓度太高，是你所需浓度的 100 万倍。也就是说，血清需要稀释，使其浓度减小到 100 万分之一。幸运的是，你可以使用如下一些工具：滴管，容量为 10 毫升的取样勺，还有 100 毫升混合量筒。怎么使用它们？

· 你知道 10 滴液体可装满 10 毫升的取样勺，所以 1 滴等于 1 毫升。

· 混合量筒容量为 100 毫升。所以，如果你用滴管滴 1 滴血清到装满水的量筒中，就可将血清的浓度降低到 100 分之一。换句话说，血清的浓度现在是百分之一了。

你应该怎样利用这些信息去完成解药的配制呢？

你的解答

答案

你可以利用滴管、血清、混合量筒和水，通过一系列步骤，获得浓度降低到100万分之一的液体。

解答步骤：

1. 往混合量筒中倒100毫升水。

2. 用滴管往混合量筒中滴下1滴血清。因为1滴是1毫升液体，你得到的溶液浓度便是1：100。将滴管中余下的血清挤回原来的瓶子里，清空滴管。

3. 用一支干净的滴管吸取一些浓度为1：100的溶液，然后倒去混合量筒中剩余的溶液。清洁混合量筒，再往其中倒100毫升水。

4. 用滴管往混合量筒中滴下1滴浓度为1：100的溶液。现在，溶液的浓度是1：10 000了。为什么会这样？要想知道新溶液的浓度，可将滴管中溶液的浓度（1/100）乘以该溶液在混合量筒中的浓度（1/100）。

即 $\dfrac{1}{100} \times \dfrac{1}{100} = \dfrac{1}{10\ 000}$。

5. 再用一支干净的滴管吸取一些浓度为1：10 000的溶液，然后倒去混合量筒中剩余的溶液。清洁混合量筒，再往其中倒100毫升水。

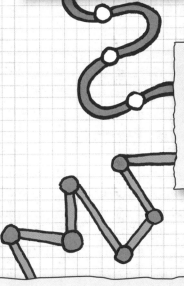

6. 用滴管往混合量筒中滴下1滴浓度为1：10 000的溶液，现在，溶液的浓度是多少？

$$\dfrac{1}{100} \times \dfrac{1}{10\ 000} = \dfrac{1}{1\ 000\ 000},$$

新溶液的浓度便是1：1 000 000了。

耶，你救了格罗格博士！

注：这里使用的浓度指的是溶质和溶剂的比，而不是溶质和溶液的比。

数学实验室

　　在解答上面问题的过程中，你运用了一些简单的数学技巧，省时省力地将浓度稀释到了1：1 000 000。你可以往桶里倒入一茶匙果汁，然后再往里加入100万茶匙水，使它达到同样的浓度。尽管这是一个可行的策略，但它很费时间，而且需要大量的水和一个特大的容器。作为替代，你可以分阶段做。

　　一种液体与另一种液体混合（比如说把果汁倒进水里）就是溶解。科学家们用数来描述溶液的浓度。鲨鱼能够探测出浓度为100万分之一的血液（1 ppm），相当于1滴血和100万滴水混合起来的溶液。你可以借助下面这个简单的实验来演示浓度为100万分之一的溶液大概是什么样子。

实验器材

· 红色的果汁（如番茄汁或蔓越莓汁）

· 玻璃杯　　　· 3个干净的500毫升量杯

· 水　　　· 茶匙（容量约5毫升）

实验步骤

1. 倒一杯果汁，抿几口，记住它有多浓。

2. 在每个量杯中倒入500毫升水。

3. 量出一茶匙果汁，把它加到一个装有500毫升水的量杯中，然后用茶匙搅匀。

4. 从上一步用到的量杯中量出一茶匙液体，把它加到第二个量杯中，同样搅匀。

5. 重复这一过程，从第二个量杯中量出一茶匙液体，把它加到第三个量杯中。

6. 将第三个量杯中的液体搅匀，抿一勺尝尝。现在，再尝一下最初的那杯果汁，比较一下。

7. 味道如何？想象一下：第三个量杯中的果汁浓度（1 ppm）和鲨鱼能觉察到的血液浓度是一样的！

存活机会：你几乎不行了
存活手段：比和比例，单价
死　　因：烈日

挑战

　　你坐在从洛杉矶开往亚利桑那州哈瓦苏湖城的旧校车上，去参加野营。离开巴斯托之后，你们进入了地球上最炎热、也最干旱的地区之一——莫哈韦国家保护区。它是一片沙漠，放眼望去，全是沙子、仙人掌，偶尔能看到一只野兔穿过高速公路。高速公路上什么也没有。

　　行驶约 1 小时后，你看见一个指示牌："离下一个加油站 200 英里[①]。"当校车司机把车开进加油站时，他看上去有一丝忧虑。为什么呢？因为他

———————————
① 1 英里约为 1.6 千米。——译注

看到一块指示牌上写着："只收现金，不接受信用卡！"更糟糕的是，旁边的自动取款机上写着"机器故障"。

校车司机的钱包里只有2美元。你和你的同学们把口袋里的钱全部拿出来，加上司机的2美元，总共是23.63美元。这个地方汽油的价格是每加仑①2.78美元。校车仪表盘显示油箱里面只剩下1/8的汽油。司机告诉你们，校车每烧1加仑汽油可以行驶17英里，整个油箱正好可以装30加仑汽油。

如果你们用这23.63美元买汽油，足够让你们到达下一个加油站吗？换句话说，你们的校车会不会燃油耗尽，在沙漠的烈日下被烤干？你们买好汽油后，校车究竟还能走多远？

欧几里得的建议

写下所有已知条件。

· 校车油箱还剩 $\frac{1}{8}$ 的汽油；油箱装满的话会有30加仑的汽油。

· 你们共有23.63美元。

· 汽油的价格是1加仑2.78美元。

· 每加仑汽油可以行驶17英里。

· 你们距离下一个加油站200英里。

---

① 1加仑约为3.8升。——译注

你的解答

答案

对！你们能够成功到达下一个加油站！油箱中所剩的汽油加上你们购买的汽油，一共有12.25加仑，可以让你们行驶208.25英里。

解答步骤：

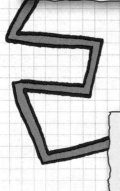

1. 首先，你需要计算出油箱中还剩多少汽油。油箱中剩下 1/8 的汽油。让我们把 $\frac{1}{8}$ 换算成与它等值的小数。

$$\frac{1}{8} = 1 \div 8 = 0.125。$$

如果整个油箱可以装 30 加仑汽油，现在剩下的是它的 0.125，将两者相乘就可以得到你要的答案。

$$30 \times 0.125 = 3.75（加仑）$$

也就是说，校车油箱中仅剩 3.75 加仑的汽油。

2. 现在计算 23.63 美元可以买多少加仑的汽油。为此，可以用总钱数（23.63 美元）除以 1 加仑汽油的价格（2.78 美元）。

$$23.63 \div 2.78 = 8.5（加仑）。$$

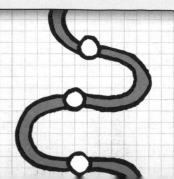

3. 计算总的汽油量，就是将前面两步得到的结果相加。

$$3.75+8.5 = 12.25（加仑）。$$

4. 那么，12.25 加仑的汽油足够让你们到达 200 英里之外的下一个加油站吗？可以将你们拥有的汽油总数（12.25 加仑）乘以每加仑汽油可以行驶的距离（17 英里），计算出你们可以走多远。

$$12.25 \times 17 = 208.25（英里）。$$

你们到达时，还有够行驶 8.25 英里的汽油呢！

数学实验室

你可以自己做一些关于汽油与距离关系的计算,虽然它们可能没那么惊险。你要做的就是收集汽车的耗油量(即每升汽油能行驶的距离,可以是你家的私车,也可以是网上搜索到的数据),以及你家所在地区的汽油价格的信息。如果你能找到一幅清晰标明比例尺(图上距离与实际距离之比)的公路图,你的计算将会更加有趣。

实验器材

- 你家的私车使用手册或者一台可以搜索汽车油耗的电脑
- 铅笔
- 纸
- 计算器
- 你家邻近地区的公路图

实验步骤

1. 问问你的父母,当他们加油时每升汽油要付多少钱,或者下次路过本地的加油站时记下价格,也可以通过上网搜索有关数据。

2. 阅读汽车使用手册，或者上网搜索，看看该汽车的油箱可以装多少升汽油，以及每升汽油可以在高速公路上行驶多少千米。

3. 把这些数据记下来。

4. 用计算器算一下，加满油箱需要多少钱。

5. 计算出整箱汽油可以让汽车行驶多少千米。

6. 打开公路图，选一个离你家约 200 千米的地方作为目的地。你能计算出到达那里需要多少升汽油，以及这些汽油的花费吗？

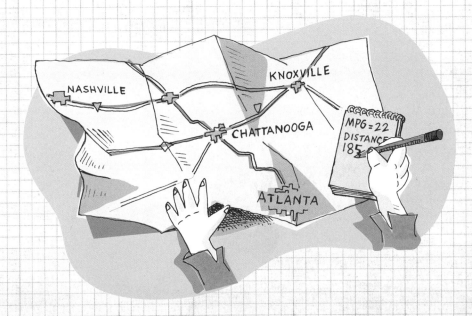

7. 额外挑战： 假设你可以留出 200 元作为汽油费，寻找一个你可以到达的度假地（别忘了你还要把车开回来哟）。

> **解答：** 要计算出加满整个油箱需要花多少钱，可以将油箱的容量乘以油价。要计算出整箱油可以让你走多远，需要将油箱的容量乘以每升汽油能行驶的距离。

消失的1美元

　　3个朋友在一个餐馆就餐，需要付25美元。他们每个人拿出一张10美元钞票交给服务员。服务员并不擅长数学计算（比如把5美元找零平分给3个人），于是他把其中的2美元留给自己当小费，并给这3位顾客每人递上1美元。

　　对于这样的分配，每个人看起来都很满意。突然，其中的一个开始思考起这个问题来：我们每个人给了服务员10美元，又拿回1美元，这就意味着每个人花了9美元。我们有3个人，所以一共付了3×9＝27美元，加上给服务员的2美元小费，总共是29美元。还有1美元去哪里了呢？

花言巧语

　　这个令人困惑的故事是个很好的例子，它告诉我们，无论在数学还是其他学科中，仔细阅读都是非常重要的。这里要的花招是"加上给服务员的2美元小费"。你其实应该"减去"2美元，而不是"加上"2美元。

　　想一想吧。如果减去2美元，还剩25美元，这就是他们应该付的钱。每个朋友拿回1美元，服务员得到2美元。

　　另一种思考这个问题的方法是，给服务员的2美元小费也是3个人共同承担的，因此，每个人支付了0.67美元的小费。所以，每个人付的9美元包含了分摊的食物费用和小费。食物费用是每人8.33美元，加上小费0.67美元，正好9美元。所以，只要每人支付10美元，拿回1美元，一切就都解决了！

挑战

　　时光回到1851年，你们正在执行捕鲸的任务。突然，一场可怕的风暴把你们的船撕得四分五裂。原本的27个船员中，只有5人幸存下来。你们5个人被困在一条小艇上，等待着、期盼着可以漂到岸边，或者被过往的船只搭救。

　　你们所有能吃的东西只是一整盒饼干——总共20块。谢天谢地，你们还有一桶40加仑的饮用水。水桶上拴着一个金属量杯，上面标着"0.5

品脱①"。1加仑＝4夸脱②，1夸脱＝2品脱。第一个伙伴，也是唯一幸存的高级船员指出，他曾听说，几年前在杰斐逊号船沉没后，一桶40加仑的水支撑10个船员度过了16天。

你知道你们必须在大家渴到发狂之前马上制定出一套严格的规定，控制好每个人每天可以喝多少水。海洋上关于脱水船员的传奇故事比比皆是。你们并不想落到他们那样的下场！

在你们到达陆地或者在海上获救之前，这桶饮用水可以支撑你们5个人生存多久？每个人每天可以喝多少杯水？确定了饮用水可以支撑你们生存的天数之后，怎样分饼干才能让你们每个人每天都能吃到一小片？

欧几里得的建议

写下所有已知条件。

·桶里有40加仑的水。

·一桶40加仑的水可以支撑10个人生存16天。

·你们一共有5个人。

·桶上拴着一个0.5品脱量的量杯。

·你们有20块饼干。

---

① 1品脱约为473毫升。——译注
② 1夸脱约为946毫升。——译注

工作单

你的解答

答案

这桶水可以支撑你们生存32天。每人每天可以喝4杯水。每人每天可以吃 $\frac{1}{8}$ 块饼干。

解答步骤:

1. 首先,计算出杰斐逊号船上的10个人每天消耗多少加仑的水。用总的水量(40加仑)除以这些水维持生存的天数(16天)。

$$40 \div 16 = 2\frac{1}{2} \text{(加仑)}。$$

也就是说,杰斐逊号船上的10个人平均每天消耗 $2\frac{1}{2}$ 加仑的水。

2. 计算出杰斐逊号船上的每个人每天消耗多少加仑的水。用 $2\frac{1}{2}$ 加仑除以10人。

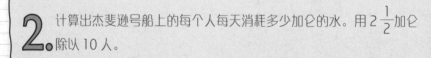

$$2\frac{1}{2} \div 10 = \frac{5}{2} \div 10 = \frac{5}{2} \div \frac{10}{1} = \frac{5}{2} \times \frac{1}{10} = \frac{5}{20} = \frac{1}{4} \text{(加仑)}。$$

这说明在那16天里,每个人每天消耗 $\frac{1}{4}$ 加仑的水。既然一天 $\frac{1}{4}$ 加仑的水可以让杰斐逊号船上的船员活下来,那么它也应该能让你们生存下来。

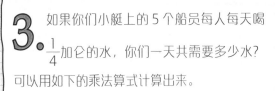

3. 如果你们小艇上的 5 个船员每人每天喝 $\frac{1}{4}$ 加仑的水，你们一天共需要多少水？可以用如下的乘法算式计算出来。

$$5 \times \frac{1}{4} = \frac{5}{4} = 1\frac{1}{4}（加仑）。$$

这说明你们小艇上全体人员每天可以消耗 $1\frac{1}{4}$ 加仑的水。

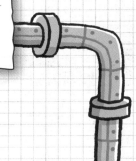

4. 用水的总量（40 加仑）除以每天消耗的水量（$1\frac{1}{4}$ 加仑），计算出这些水可以维持的时间。

$$40 \div 1\frac{1}{4} = 40 \div \frac{5}{4} = \frac{40}{1} \div \frac{5}{4} = \frac{40}{1} \times \frac{4}{5} = \frac{160}{5} = 32（天）。$$

这说明，这些水可以让你们维持 32 天。

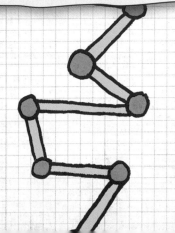

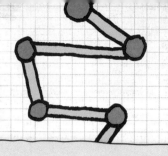

5. 我们知道 1 桶 40 加仑的水可以让 5 个船员生存 32 天。因为拴在桶上的量杯是以"品脱"为容积单位的，所以我们需要把加仑换算成品脱，才能更好地把这些水公平地分配给 5 个船员。

首先，把 $1\frac{1}{4}$ 加仑换算成夸脱。你知道 1 加仑等于 4 夸脱。因为我们现在是将较大的单位换算成较小的单位，所以可以用乘法得到答案：

$$1\frac{1}{4} \times 4 = \frac{5}{4} \times 4 = \frac{20}{4} = 5（夸脱）。$$

其次，把 5 夸脱换算成品脱。你知道 1 夸脱等于 2 品脱。同样地，我们用乘法把较大的单位换算成较小的单位：

$$5 \times 2 = 10（品脱），10 \div 0.5 = 20（杯）。$$

这意味着 $1\frac{1}{4}$ 加仑 = 20 杯，所以 5 个船员一天可以分 20 杯水。

最后，用 20 杯水除以 5 个船员，计算出每个船员一天可以喝水的杯数。

$$20 \div 5 = 4（杯）。$$

换句话说，在饮用水全部耗尽之前，5 个船员每人每天可以喝 4 杯水，这样可以维持 32 天。

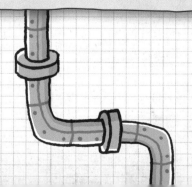

6. 怎么分那些饼干呢？你知道你们的水可以足够维持 32 天。你们有 20 块饼干。

首先，用你们拥有的饼干数（20）除以饮用水可以供你们生存的天数（32），计算出你们全体每天可以享用的饼干数。

$$20 \div 32 = \frac{20}{32} = \frac{5}{8}（块）。$$

这意味着 5 个船员每天一共可以吃 $\frac{5}{8}$ 块饼干。

其次，用所有船员每天可以享用的饼干总数（$\frac{5}{8}$）除以船员的总数（5），计算出每个船员每天可以分到的饼干数。

$$\frac{5}{8} \div 5 = \frac{5}{8} \div \frac{5}{1} = \frac{5}{8} \times \frac{1}{5} = \frac{1}{8}（块）。$$

所以，5 个船员每人每天可以吃 $\frac{1}{8}$ 块饼干来维持这 32 天。

想要完成类似本次挑战中出现的计算,能够将大的计量单位和小的计量单位结合起来显得很重要。虽然你很幸运,没有因为遭遇船只失事或者在海上迷路而被困在一条漂流着的小艇上,不过你仍然可能需要计算多人的食物配额问题。

下面这个有趣的例子将给你一个机会去做同样重要的计算:在你下一次的生日派对上要准备多少冰淇淋来款待你的客人?这个实验的好处之一就是你必须去买一些冰淇淋来做测试。你能做好吗?

实验器材

· 一个可装 $\frac{1}{2}$ 加仑冰淇淋的容器

· 冰淇淋勺

· 量杯(容量至少是0.5品脱)

实验步骤

1. 假设你准备在生日会上提供蛋筒冰淇淋,而且每个蛋筒会配一支小勺子。

2. 舀一勺蛋筒大小的冰淇淋,然后把它放进量杯中。

3. 继续把冰淇淋舀进量杯中,边舀边数勺数,直到冰淇淋达到1杯(即0.5品脱)的刻度线。

4. 如果量杯里的一勺勺冰淇淋之间有缝隙的话，压一压，再添一到两勺冰淇淋到量杯里。

5. 记下达到 1 杯刻度线时需要放入的冰淇淋的总勺数。

6. 运用这些信息，你怎么才能算出一个 $\frac{1}{2}$ 加仑的容器里可以装多少勺冰淇淋呢？

解答： 既然 1 加仑等于 8 品脱，即 16 杯，那就意味着 $\frac{1}{2}$ 加仑等于 8 杯。用 8 乘以达到 1 杯刻度线时需要放入的冰淇淋的总勺数，就可以计算出 $\frac{1}{2}$ 加仑的容器中可以盛放多少勺冰淇淋了。

EUCLID
THE ADVENTURES OF
MARVIN
THE MARVELOUS
MATHEMATICIAN
ISSUE # 1
10¢
3.14
π
a²+b²=c²
c
a
b

挑战

　　你可能不相信你会那么走运。本地的连环画书店里终于有了非常罕见的第一期《大数学家马文的冒险》 但这本书售价为400美元！如果只靠周末给镇上的9000人投递报纸,你很难赚到那么多钱。

　　你的朋友特雷向你保证,加入他投资的"传销金字塔"将会帮你快速赚到钱 你只需要先交100美元入会费,这是你在几个星期内就可以省出的钱 "传销金字塔"是这样运作的:一个人(我们称他为"金字塔塔顶")

让10个人（"第二层"）每人交给他100美元。接下来，第二层的每个人再找到另外10个人（"第三层"），让每个人交给他们100美元。到现在为止，一切都还不错：如果每个人都招收了新成员，那么"金字塔塔顶"就可以获得1000美元，第二层的人每人都可以得到900美元（1000美元减去交给"塔顶"的100美元）。

特雷告诉你他在金字塔的第四层。如果你交给他100美元，他认为你会在几天之内得到900美元。

如果你加入到这个金字塔的第五层，而且你只能在你所居住的小镇上招收新成员，那么你们镇上的9000个人足够让你赚到那900美元吗？

欧几里得的建议

"传销金字塔"之所以叫这个名字，是因为如果你把他们的运作方式用一个树状图表示出来的话，看起来非常像一个金字塔。他们从一个人（"金字塔塔顶"）开始，一层比一层更大——就像从一个真正的金字塔塔顶往下走。每一个人投入100美元，接着必须找到另外的可以付钱给他的10个人。画出树状图能够帮助你更加直观地想象"传销金字塔"随着层数增加发生的变化。

工作单

你的解答

答案

不行。如果你在这个金字塔的第五层，你镇上的人口不足以让你赚到900美元。

解答步骤：

1. 如果画一个树状图来演示"传销金字塔"，你会发现从第二层往后，画面就会有一点失控。一旦"金字塔塔顶"开始赚钱，需要被卷进来的人的数量就开始迅速增加。

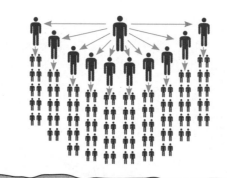

2. 你可以这样想：如果在第二层有10个人，而他们每个人都必须找到另外10个人，那么一共要找多少人？

$$10 \times 10 = 100（个）。$$

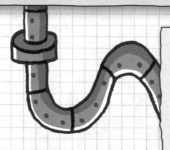

3. 然后想想这样的数对第三层来说意味着什么。第三层有100个人，他们每个人必须另外找到10个人。

$$100 \times 10 = 1000（个）。$$

4. 第四层有 1000 个人，他们每个人必须另外找到 10 个人。

$1000 \times 10 = 10\,000$（个）。

5. 哇！这意味着到了第五层，你所在的 9000 人小镇就没有足够的人来参与了！

6. 如果这些层级可以继续下去，看看参与者的数量会增加得多快吧！

第六层：$10\,000 \times 10 = 100\,000$（个）。

第七层：$100\,000 \times 10 = 1\,000\,000$（个）。

换句话说，随着"传销金字塔"的延续，找到新成员将变得越来越难，最后甚至不可能完成。这表明，只有处于金字塔上面几层的少部分人可能会赚到钱，而大量处于金字塔低层的交 100 美元的人会亏光本钱，得不到任何回报。你肯定不可能在第五层赚到钱！加入它绝对不是一个好主意。这就是"传销金字塔"被认为是非法的原因。

数学实验室

你可以在自己的班级里建立一个"迷你传销金字塔"，看看它崩溃得有多快。但是不要使用真实的钱币哦！

实验器材

- 至少25张小纸片

- 至少25个参与者

实验步骤

1. 对大家宣称你有办法可以让每个人发财。当然，是让他们拥有较多的小纸片。

2. 给每张小纸片设定一个面值，比如每张值100元。

3. 给每个人发一张小纸片。

4. 你可以做"金字塔塔顶"。

5. 游戏开始，请 10 个人每人给你 100 元（一张小纸片）。现在，你有了 1000 元。

6. 让他们每个人再去找 10 个可以给他们 100 元的人。其他人如果不想加入，可以拒绝。

7. 继续这个游戏，直到处于金字塔底部的人再也找不到愿意支付 100 元入会费的新成员。

8. 有多少人赚到钱了？又有多少人亏光了呢？

9. 你能设计出"传销金字塔"的另一种形式（已经有好几十种版本），来让第一个人变得更加富有，或者让金字塔能持续得更久一些吗？你可以尝试让许多人或少部分人位于金字塔塔顶，或者让参与者交更多的入会费，又或者让每个参与者寻找不同数目的新成员。

第**8**关

存活机会：你几乎不行了

存活手段：分析思考能力

死　　因：野人

挑战

　　你和阿尼、贝拉、卡洛斯四人被困在了安第斯山脉中，而且正被一群野人追赶着穿过印加遗址。你们的旅行实在是糟透了!

　　野人们正向山上走来，大概还有20分钟就能到达这里。显然，它们的行为准则是"绝不手下留情"。你们需要快速逃走。

　　但是，要怎么逃呢? 你知道当地的直升飞机会在每天下午6点准时接走游客,但地点在一座横跨深峡谷的人行索桥的另一端。

你们尽快地跑到了桥边,索桥摇摇晃晃的,离谷底有几千英尺的垂直距离。因为现在天黑,桥又摇晃得厉害,而你们四个人只有一个手电筒,所以手电筒必须来回传递着使用。

你解释说:"如果觉得合乎逻辑,我们可以这样做。同一时间穿过索桥的人数不能超过两个,而且从体育课上知道,我们中的有些人比其他人跑得快。我觉得我可以在1分钟之内跑过去,贝拉2分钟,卡洛斯3分钟,阿尼8分钟。"

现在是下午5点44分。如果想准时搭上直升飞机,你们必须马上行动。

你知道怎么样才能让你们四人都穿过索桥,并且准时搭上下午6点的直升飞机吗? 记住,一次只能通过两个人,而且要确保每个人在过桥时都能使用手电筒。

欧几里得的建议

写下所有已知条件。

· 在开始过桥之前,请记住,每一次过桥后,必须有一个人(带着手电筒)返回。

提示:画一幅图可以帮助你们更加直观地想象每次过桥的情形。

工作单

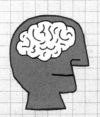

你的解答

答案

你们能够在15分钟之内到达直升飞机接游客处，还多余1分钟。有两种不同的解决方案。

解答步骤：

5点44分到6点有16分钟，你们有16分钟的过桥时间。

方案A：

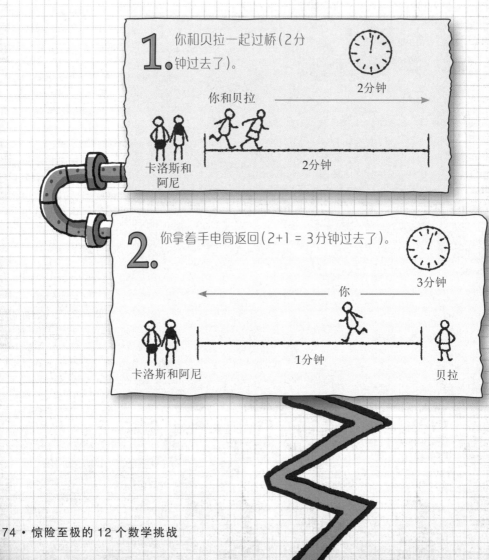

1. 你和贝拉一起过桥（2分钟过去了）。

2分钟

你和贝拉 ———→ 2分钟

卡洛斯和阿尼

2分钟

2. 你拿着手电筒返回（2+1 = 3分钟过去了）。

3分钟

←——— 你 ———

卡洛斯和阿尼

1分钟

贝拉

3. 卡洛斯和阿尼一起过桥,把你留在出发处(3+8 = 11分钟过去了)。

11分钟

卡洛斯和阿尼 →

8分钟

你   贝拉

4. 贝拉拿着手电筒返回(11+2 = 13分钟过去了)。

13分钟

← 贝拉

2分钟

你   卡洛斯和阿尼

5. 最后,你和贝拉一起过桥(13+2 = 15分钟过去了)。

15分钟

你和贝拉 →

2分钟

卡洛斯和阿尼

6. 你们在15分钟之内成功赶到了直升飞机接游客处,还多余1分钟!

方案B：

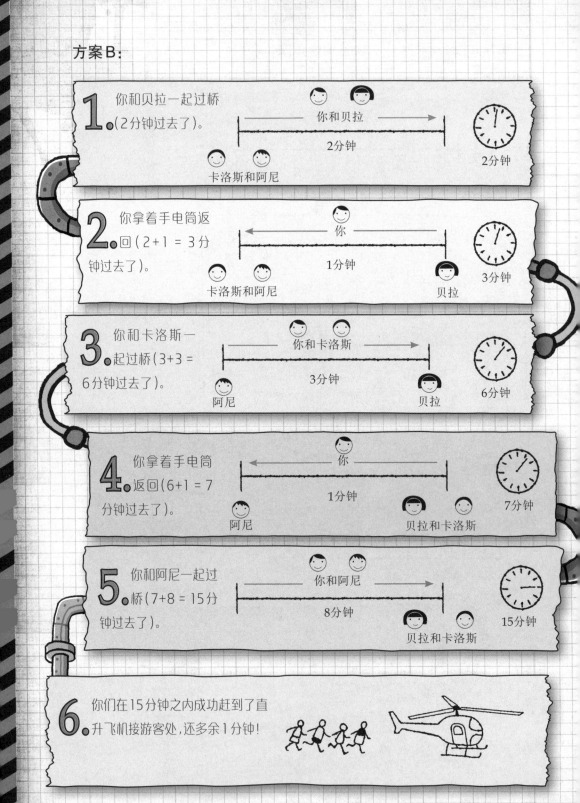

1. 你和贝拉一起过桥（2分钟过去了）。

你和贝拉 →
2分钟
卡洛斯和阿尼
2分钟

2. 你拿着手电筒返回（2+1 = 3分钟过去了）。

← 你
1分钟
卡洛斯和阿尼　　　　　　贝拉
3分钟

3. 你和卡洛斯一起过桥（3+3 = 6分钟过去了）。

你和卡洛斯 →
3分钟
阿尼　　　　　　贝拉
6分钟

4. 你拿着手电筒返回（6+1 = 7分钟过去了）。

← 你
1分钟
阿尼　　　　　　贝拉和卡洛斯
7分钟

5. 你和阿尼一起过桥（7+8 = 15分钟过去了）。

你和阿尼 →
8分钟
贝拉和卡洛斯
15分钟

6. 你们在15分钟之内成功赶到了直升飞机接游客处，还多余1分钟！

得出这个挑战的解答依赖于记住每个人在体育课上能够走或者跑多快。在学校里,你们可以互相计时,看看每个人走过一座120米长的索桥需要多长时间!你们需要可以在前面延伸出去30米的场地,所以可以在操场上做这个实验。

实验器材

- 卷尺
- 胶带或粉笔
- 钢笔或铅笔
- 秒表或其他计时器
- 一些朋友(要记录他们行走的时间)

实验步骤

1. 首先,你需要在操场上标出120米的距离,然后每隔6米贴一小条胶带进行分段。

2. 用钢笔在这些胶带上标明距离（6米，12米，18米等等）。

3. 让第一个人站在起点。当计时员给出一个信号时，第一个人就开始以他正常的速度行走。

4. 当计时器显示8秒时，计时员应大喊："停！"

5. 让每个人重复第3步和第4步，记下每个人走过的距离。

6. 现在，你们每个人都得到一个数，告诉你们"8秒内走了x米"。

7. 如果人行索桥有120米长，要计算每个人过桥需要花费多长时间，需要建立一个简单的算式：用120除以x（它是8秒内行走的距离）。这个算式求得的是120是x的多少倍，也就是120米是你8秒内走过的距离的多少倍。

8. 用第7步得到的数乘以8，可以计算出每个人走120米所需要的时间。每个人所需的时间应该互不相同。你可以根据这些信息设计出一个"过桥"方案吗？

猜出来的？不，高斯算出来的！

数学史上最好的故事之一是关于一位脾气暴躁的教师和一位天才男童的。德国数学家高斯第一次上数学课时只有7岁，但是他的老师布特纳先生喜欢给他们布置高难度的作业。

布特纳先生要孩子们计算出1到100的总和。他坐下来，收拾了一下桌子上的东西，然后抬起头，看到孩子们正急急忙忙地在记事板上乱写。只有一个孩子例外。他就是高斯，他静静地坐在那里，双手交叉。

布特纳先生收上来的记事板上都布满了数字和涂改的痕迹。只有高斯的还是例外。

他的记事板上只写着5050，这就是正确答案！

他是怎么做到的呢？

像其他许多伟大的思想家一样，高斯能够找到简单的解决方法。他很快意识到第一个数和最后一个数（1和100）的和是101。同样地，第二个数和倒数第二个数（2和99）的和也是101。照此继续下去，他发现每组数的和都等于101：

	1	2	3	⋯	50
+	100	99	98	⋯	51
	101	101	101	⋯	101

一共有50组数，每组的和都是101，所以总和为$50 \times 101 = 5050$。真简单！（如果你是一位只有7岁的天才。）

第 **9** 关	存活机会：	你几乎不行了
	存活手段：	分析思考能力
	死　　因：	疯狂的邻居

挑战

　　当"大反派"仅仅出现在你爸爸喜欢看的那些"007系列"电影中时，生活会显得简单许多。谁会想到当你像往常一样准备去参加足球训练的时候，会被一个"大反派"俘虏了呢？

　　"你喜欢我的小屋，是吗？"那个老男人问道。"看看我这里有什么让你吃惊的东西。南太平洋的干瘪头颅，北达科他荒原的狼头骨，加勒比海盗沉船上的两个沙漏——它们是大海盗红胡子的东西。一个沙漏计时9

船 底 拖 刑

前面危险！对17和18世纪的水手来说最毛骨悚然的惩罚就在眼前！受罚的水手会被套在一根绳子上（绳子的另一端结在船底最深的龙骨处），从甲板上扔下去。之后，他会被绳子牵着从船的一边拖到另外一边，或者从船头拖到船尾。在实施船底拖刑的过程中，许多水手淹死了，另一些人则被附着在船底的坚硬甲壳动物划成了碎片。

分钟，另一个计时13分钟。9分钟是抽一个人100下鞭子的时间，13分钟是红胡子对那些惹恼他的人执行船底拖刑的时间。"

"明天你就会知道对你的惩罚，"他继续说道。"不要想着能从这扇门逃出去。如果想打开它，你要按下这个按钮，并等待正好30分钟后再次按下它。太快按下按钮，或延迟30秒后再按，门都不会打开。对了，我会拿走你的手表和手机。"说完，他砰的一声把门关上离开了。

你该如何利用这两个沙漏，通过一步步操作，准确计量出30分钟的时间，并顺利逃脱呢？

欧几里得的建议

写下所有已知条件。

· 唯一的逃生机会是利用奇怪的计时方式打开门。

· 你要想一些办法精确计量出30分钟。

· 唯一可用的计时装置是两个来自海盗船的沙漏：一个计时9分钟，另一个计时13分钟。

提示：画一个线图来帮助你记录每一步。

工作单

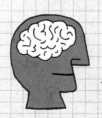
你的解答

答案

你可以综合利用两个沙漏得到正好30分钟。
这个问题不只一种解法，下面给出其中一种。

解答步骤：

1. 把两个沙漏竖起来，让沙子全集中在底部，而上部全是空的。

2. 把两个沙漏都翻转过来，开始30分钟计时。按下门上的按钮。画一幅线图来记录每一步。

0 ——————————————— 30

0分钟

3. 当小沙漏上部流空时，快速把小沙漏翻转过来。此时过去了9分钟。

0 —— 9 ——————————— 30

9分钟

4. 当大沙漏上部流空时,对它什么也不做,但把小沙漏翻转过来。此时过去了13分钟。

注:在小沙漏流空之前把它翻转过来,相当于对小沙漏进行了重新设置,它现在是4分钟的沙漏了。

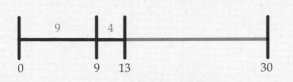

13分钟

5. 当小沙漏上部流空时,对它什么也不做,但把大沙漏翻转过来。此时过去了17分钟。

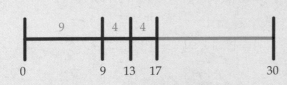

17分钟

6. 大沙漏上部全部流空,恰好需要13分钟。此时恰好过去了30分钟。

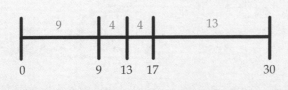

30分钟

7. 再次按下门上的按钮,打开门。你自由了!

数学实验室

通过自己制作沙漏，你可以真正体验上面的挑战。你可能发现自己并不是以小时来计时的，但你总会做出一个固定时段的计时器。当然，你一共要做两个（沙子数量不同的）沙漏，与挑战中的情况类似。但为了掌握要领，先做一个吧。

实验器材

- 帮你处理较难部分的成人
- 两个完全一样的、干净又干燥的小饮料瓶（越小越好）
- 其中一个饮料瓶的瓶盖
- 漏斗
- 少量沙子（足够装满一个瓶子的一半）
- 锋利的小刀或钉子
- 胶带
- 时钟或秒表

实验步骤

1. 利用漏斗往一个瓶子里装沙子，装到约瓶身一半的位置。

2. 请一个成人用小刀或钉子帮你在饮料瓶盖上打一个小孔。

3. 用瓶盖盖住装了沙子的饮料瓶,拧紧。

4. 把空的饮料瓶倒过来,放到装有沙子的瓶子上,对准瓶口,使它们在一直线上。

5. 把两个瓶口小心地用胶带绕紧,确保空瓶的瓶口对准另一个瓶的瓶盖。

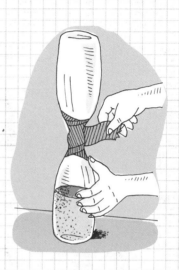

6. 确保两个瓶子被牢牢地绑在了一起。

7. 看一下时钟上的时间,翻转沙漏。开始时,你可能需要握住沙漏的底部,好让它站稳。

8. 当上面瓶子里的沙子全部漏空时，再看一下时间。这就是此沙漏可以测量的时间段。

9. 你可以往瓶子里加一些沙子使它可以测量的时间更长，或者倒掉一些沙子使它可以测量的时间更短。

高级挑战

第 **10** 关

挑战

　　你一直不相信有吸血鬼存在，直到有一天你亲眼看到了一个。他刚刚来到城里，是一个长相奇怪的家伙，看起来好像到目前为止，他都以周围的流浪猫为食。问题在于，除了你以外，没有其他人见过他。并且除了你最好的朋友杰米外，没有人相信你。巧的是，杰米是吸血鬼方面的专家。杰米认为，吸血鬼只在夜晚出来，并且他们每个月只进食两次。吸血鬼的进食就是吸取一个人的血液，而且当他们进食完后，被吸血的那个人也变成了吸血鬼。一个月后，每个这样的新吸血鬼又可以把另外两个人也变成吸血鬼。

"但是为什么那个家伙只以猫为食呢？"你问杰米。

"它们只是开胃菜罢了，"杰米解释道。"在下一个月圆之夜，他就会寻求人的血液。不过值得庆幸的是，城里只有一个吸血鬼。单单一个吸血鬼能带来多大危害呢？"

"非常大的危害！"你回答道。"这个城市住着50万人口，是吧？这意味着，我们若不能在下一个月圆之夜前找到这个吸血鬼，我们的城市很快就会被吸血鬼完全接管！"杰米不相信你，所以你必须要证明给他看。

如果吸血鬼只以你们城市的居民为食，大约几个月后城里的50万人口会全部变成吸血鬼？

欧几里得的建议

记住3的幂！当数持续3倍3倍地增长，事情会很快变得失控。一旦你发现吸血鬼数量的增长规律，建立一个线性代数方程会有帮助。你需要设两个变量，一个代表现有吸血鬼的数量（已知数），另一个代表新产生的吸血鬼的数量（你要求的未知数）。然后，绘制一个表格或图，来罗列这些数据。

首先，写下所有已知条件。

· 目前城里只有一个吸血鬼。

· 城里住着50万人口。

· 每个月，一个吸血鬼会吸食两个人的血，把他们也变成吸血鬼。

工作单

你的解答

答案

12个月后，整个城市就全是吸血鬼了。

解答步骤：

1. 首先，找出规律。因为每个吸血鬼每月要吸食两个人的血并把他们变成吸血鬼，所以吸血鬼的数量每月会增长到原来的3倍。

2. 一个月后，2个人会变成吸血鬼。

$$1 \times 2 = 2（个）。$$

这2个吸血鬼加上原来的1个吸血鬼，得吸血鬼总数为3。

$$2 + 1 = 3（个）。$$

3. 两个月后，这3个吸血鬼中的每一个会各把另外2个人变成吸血鬼，得到6个新的吸血鬼。

$$3 \times 2 = 6（个）。$$

这6个吸血鬼加上原来的3个吸血鬼，得吸血鬼总数为9。

$$6 + 3 = 9（个）。$$

4. 三个月后，这9个吸血鬼中的每一个会各把另外2个人变成吸血鬼，使得吸血鬼总数变成27。

$$(9 \times 2) + 9 = 27（个）。$$

5. 你发现规律了吗？为了找出每个月的吸血鬼总数，可以用当前的吸血鬼个数乘以 2，并加上当前的吸血鬼个数。你得到的是这个月吸血鬼的新总数。写成一个等式，就会是这样：

$$v = 目前的吸血鬼个数，$$

$$x = 吸血鬼的总数，$$

$$(v \times 2) + v = x。$$

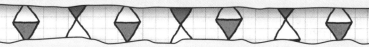

6. 为了求出吸血鬼的总数（x），你把目前的吸血鬼个数（v）乘以 2，然后加上 v 得到 x。

按照这个规律继续下去，就可以求出把城里的 50 万人全部变成吸血鬼需要的月数。

月数	目前的吸血鬼个数	新的吸血鬼个数	吸血鬼总数
0	1	0	1
1	1	2	3
2	3	6	9
3	9	18	27
4	27	54	81
5	81	162	243
6	243	486	729
7	729	1458	2187
8	2187	4374	6561
9	6561	13 122	19 683
10	19 683	39 366	59 049
11	59 049	118 098	177 147
12	177 147	354 294	531 441

照这个样子继续下去，数会爬升得很快。现在你可以告诉杰米，为什么你在下一个月圆之夜前抓住这个吸血鬼非常重要了！

数学实验室

一个来自印度的故事讲述了达依尔是如何发明国际象棋的。达依尔是一个很聪明的人，他教授舍罕王如何下国际象棋。国王很高兴，就问达依尔想要什么奖赏。

"我是一个简单的人，只要用米作为奖赏就够了，"达依尔说道，"把您的棋盘放在那边，在第一个方格里放1粒米，在第二个方格里放2粒米（原数的两倍），再在下一个方格里放4粒米（上一个数的两倍），依此规律直到在所有的方格里都放上米。请记住，这是一个简单的请求。"

这就是他的全部请求。舍罕王同意了，并让一个仆人摆好棋盘，再取来一些米。由于这个奖赏很简单，所以将它作为本书的下一个实验。它会是这本书中最简单的活动吗？或者是最难的？这由你来决定。

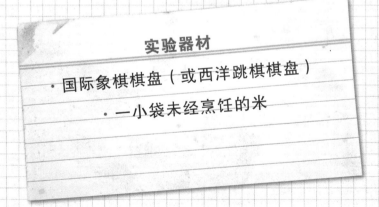

实验器材

· 国际象棋棋盘（或西洋跳棋棋盘）

· 一小袋未经烹饪的米

实验步骤

1. 按照达依尔的指示，在第一个方格里放 1 粒米，在第二个方格里放 2 粒米，在第三个方格里放 4 粒米，在第四个方格里放 8 粒米。

2. 现在停下一分钟，来做一些计算：

你需要在第八个方格里放 128 粒米，这是第一行的最后一个方格。但是还有 7 行，而数量则一直翻倍增长！在第二行最后一个方格里，数量就已经达到大约 32 000 粒了，而在第三行的第一个方格里，数量又要加倍。天哪！

达依尔的请求产生了一个数学家和科学家称为指数增长的序列，这个序列比每次增加相同数量的序列（也就是等差数列）增长得快得多。

到第一行末尾的时候，也许你就放弃了，但是如果你真的按此方法进行到底，你到最后一个（即第 64 个）方格结束时，总共要放置 18 446 744 073 709 551 615 粒米，真多呀！

18,446,744,073,709,551,615

110 FT

120 FT

挑战

　　你是一位寻宝专家。你花了数年时间研究古代的航海图和航海日志，找寻1712年红胡子海盗船的沉没之处。船上满载着银器和珠宝，还有红胡子海盗那把著名的镶嵌钻石的宝剑——你已经很接近它们了。你探寻的宝藏在海水清澈的加勒比海底120英尺（约36米）深处，是时候潜水下去寻找了。

　　你扔下了一根标志线，上面每隔5英尺（约1.5米）做了一个标记，所

什么是减压病

你越往水深处下沉,水压就越高。升高的水压导致一部分(你正常呼吸时吸入的)氮气溶解于体液中,就像二氧化碳溶解在一罐苏打水中一样。返回海面就像打开那罐苏打水。如果你动作太快,氮气就会在你体内膨胀,可能会造成很多伤害。就像打开一罐你摇晃过的苏打水,它会喷出大量泡沫。上浮过程中的"减压停留"可以让氮气得以安全地溢出,能够预防减压病。这就像你慢慢地打开一罐苏打水,让气体平稳地溢出。

以当你在水下的时候,你能准确地知道你离海面的距离。

你只花了5分钟就到达了海底。很快你看见了藏宝箱!但宝剑在哪里呢?在你开始寻找宝剑之前,你想准确知道在必须返回海面之前你可以在海底呆多久。你的水肺能提供1小时的空气,而且你想通过在特定深度处的减压停留来帮助身体适应压力的变化,以避免上浮过程产生的减压病。幸运的是,你那可靠的腕部电脑会把这些因素都考虑进去,准确地告诉你可以在水下停留多久,但是……哦,不!腕部电脑没戴在手腕上!你把它忘在了船上,而你戴的是普通的防水手表。船现在在你上方120英尺。

好吧,不要惊慌。好好想一想。仔细回忆一下多年的潜水训练中学到的一切:

1. 在最大水深的一半处,你需要进行第一次2分钟的减压停留。

2. 减压停留开始后,你的上浮速度不可以快于10英尺/分。

3. 你必须在每上浮10英尺的间隔处等待1分钟。

4. 你必须在最后的15英尺标记处停留5分钟。在这之后,你可以继续上浮而不做任何停留。

5. 潜水员总是谨慎行事:在取近似值时,他们总是采用进一法(在这种情况下,意味着要留出更长的可用时间)。给上浮至海面多留1分钟。

假设你能以10英尺/分的速度浮至海面，在你向上返回之前你可以花多长时间仔细检查那艘沉船的残骸？

欧几里得的建议

写下所有已知条件。

· 你在距离海面120英尺的海底深处。

· 水肺里有可以供你呼吸1小时的空气，而你已经花了5分钟下沉至船的残骸处。所以剩下的空气仅能供你呼吸55分钟。

· 第一次2分钟的减压停留应在最大水深的一半处进行。

· 你必须以10英尺/分的速度上浮。

· 在每上浮10英尺的间隔处，你需要等待1分钟。

· 一旦你到达15英尺深处，你必须停留5分钟；然后你就可以一口气上浮到水面。

· 为了安全，给自己多留1分钟！

提示：你可以列一个线性方程来求解最后一步。

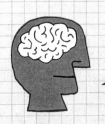
你的解答

答案

你有31分钟的时间去检查沉船残骸，之后必须开始向上返回海面。

解答步骤：

1. 首先，计算出返回至海面所需的时间。沉下去只要5分钟，是因为中间不需要进行减压停留。上浮过程则不一样。你必须算上所有减压停留的时间，还要考虑你上浮的速度。你在最大水深的一半处进行第一次减压停留。把最大水深（120英尺）除以2，就能得出你开始减压停留处的深度：

$$120 \div 2 = 60（英尺）。$$

也就是说，你必须在60英尺深处进行第一次减压停留。

2. 你以10英尺/分的速度上浮：这是推荐的最大上浮速度。幸运的是，你戴着手表，所以你可以把握上浮到海面的时间。将你要上浮的英尺数（60英尺）除以你每分钟上浮的英尺数（10英尺），就可以算出你到达第一次减压停留处（海面以下60英尺）所需要的时间。

$$60 \div 10 = 6（分）。$$

这表示，你需要6分钟上浮至60英尺标记处。

3. 在60英尺标记处进行第一次减压停留，需要2分钟。

4. 你继续以10英尺/分的速度上浮,直到15英尺标记处,你必须在此处进行最后的、最长时间的减压停留。

首先,计算出60英尺和15英尺标记之间有多少个10英尺。将60减去15算出你需要上浮的英尺数:

$$60-15 = 45(英尺)。$$

然后,用10除这个差:

$$45 \div 10 = 4.5。$$

这表示,60英尺和15英尺标记之间有4.5个10英尺。1分钟你可以上浮10英尺,所以你需要4.5分钟才能上浮至15英尺标记处。

5. 现在到了最复杂的地方。记住在每上浮10英尺的间隔处,你必须停下来进行1分钟的减压停留。但是,在15英尺标记处,你必须进行5分钟的减压停留。这说明你必须在前4次减压停留时各停留1分钟,合并最后一次减压停留的5分钟,得到:

$$(4 \times 1)+5 = 9(分)$$

糊涂了吗? 下面是如何计算减压停留的时间。

50英尺深处: 进行1分钟的减压停留;
40英尺深处: 进行1分钟的减压停留;
30英尺深处: 进行1分钟的减压停留;
20英尺深处: 进行1分钟的减压停留;
15英尺深处: 进行5分钟的减压停留。
　　总共: 9分钟。

6. 现在把你到达15英尺标记处所需的所有用时加起来，包括上浮的时间和停留的时间，得到：

$$6+2+4.5+9 = 21.5（分）。$$

7. 所以你需要21.5分钟上浮至15英尺标记处。从那个地方，你可以一口气上浮至海面。如果你继续以10英尺/分的速度上浮，你需要1.5分钟游完最后的15英尺到达海面。

$$\frac{10英尺}{1分} = \frac{15英尺}{x分}$$

$$10x = 15,$$
$$x = 1.5。$$

8. 把所有到达海面所需的用时加起来：

$$21.5+1.5 = 23（分）。$$

现在你知道，你需要23分钟返回海面，这样你就可以算出有多少时间能用来检查红胡子沉船的残骸了。

9. 建立线性方程来计算你可以用来找寻宝藏的时间。你可以将已经求得的信息代入以下方程求解:

下沉用时 + 上浮用时 +
寻宝用时 = 60(水肺可供呼吸时间)。

首先,设一个变量来代表未知数。设 t 为寻宝用时:

下沉用时 + 上浮用时 + t = 60。

接着,代入已知值并求解 t:

$$5+23+t = 60,$$
$$28+t = 60,$$
$$t = 32(分)。$$

这表示在你上浮之前,你有 32 分钟可用来检查沉船残骸。

等等,这还不完全正确!实际上你只有 31 分钟的时间可用来搜寻。为什么?再回顾一下这个挑战吧。

潜水员是很谨慎的,记得吗?

数学实验室

通过以下这个快速、简单的活动，你可以初步理解水压是如何随着水深的增加而增大的。即便在15厘米左右深的空间里（吸管沉在水下的部分），水压也在增大。想象一下120英尺深的水下水压会有多大，或是8千米深的水中！

实验器材

· 一个1升容量的水瓶   · 水

· 长吸管（长到足以接触到瓶底）

实验步骤

1. 向水瓶中注水，差不多到瓶口。

2. 把吸管的下端放至水面下较浅的地方吹气。在这个位置吹泡泡难不难？

3. 把吸管往下插，直到触及瓶底。

4. 再一次吹气。在这个位置吹泡泡难不难?

5. 你是否注意到,当吸管触及瓶底时吹气会更难?

6. 关于水压差异,你能得出什么结论呢?在水瓶的不同"深度"处吹泡泡告诉我们关于水压的什么普遍规律呢?

解答: 你应该发现瓶底的水压比瓶口处的水压大得多。

第 **12** 关

逃脱袭击

挑战

　　现在已经无法回头了。你和另外两个中情局的特工刚刚跳伞，降落在喜马拉雅山脉的雪地上。山下一片漆黑，只有几千英尺深的谷底有零零星星的光。在你上方是敌方间谍秘密藏身处的模糊影子。那里没有灯光。

　　当你得知迭戈——你最尊敬的特工之一——被坏人绑架时，你的团队刚刚找到敌方山顶指挥部所在地。你们的任务就是悄悄地在山

索 降

登山者们经常使用绳索帮助下降,其使用的技术叫索降。在向上攀登时,他们把绳索的一端固定在岩石露出地面的部分,或是其他安全的目标上。然后,他们继续往上爬一段,再做同样的事情,这样绳索就连接着被固定的两端。当要进行索降时,登山者就拴一条保护带,保护带不仅要绕在身上,还要挂在拉紧的绳索上,使它可以沿着拉紧的绳索滑动。登山者将拉紧的绳索放在一侧大腿的下方,绕过身体,然后穿过另一侧肩膀。接着,他们就跳出去,让绳索沿着身体滑动,短暂降落后,抓紧绳索,荡回到山上。

顶监狱的下方着陆,运用登山技能到达该处,找到关押迭戈的房间,迅速解救他,并把他带到下面的雪地上。然后,用你的对讲机发出信号,直升机将会从山后扑过来,着陆,并把你们带到安全的地方。

研究人员告诉你,指挥部的墙和门都是 $75\frac{3}{8}$ 厘米厚。你带了一个特制的微型炸药,你可以把它塞进关押迭戈的单人牢房门下方的窄缝里,而且它必须放在窄缝下方 $\frac{2}{3}$ 深的位置,也就是恰好 $50\frac{1}{4}$ 厘米处。推得太深不仅会伤及迭戈,房门也可能炸不开。推得不够深则动不了房门,而且还会惊动看守,这样你就只能丢下迭戈自己逃离。

你成功潜入敌方间谍的秘密藏身处后,小心翼翼地跪下来,拿出炸药棒(不比一条口香糖大),准备用对讲机的伸缩天线把炸药推到门下。现在你需要的就是一把公制量尺,可以让你知道恰好把炸药推到了 $50\frac{1}{4}$ 厘米处。可量尺在哪儿? 当其他人为你放哨的时候,你在背包里狂乱寻找。可就是没有啊!

手头有没有可以用的东西呢? 等等! 安全带的后面有一个刻度。你用手电筒照着看了一下,显示的是"67厘米"。这并不是你想要的。没有用! 但,它真的没有用吗? 安全带好像是很容易折叠的。你必须要准确、快速地行动。

$50\frac{1}{4}$ 厘米是67厘米的几分之几？你能想出一个通过一系列折叠，在安全带上准确地找出 $50\frac{1}{4}$ 厘米位置的方法吗？

欧几里得的建议

如果你能够在安全带上找到准确表示 $50\frac{1}{4}$ 厘米的位置作标记，你就可以把天线伸那么远，并把炸药准确地放在门的下方。

如果把已有的数转化成分数，问题解决起来就容易多了。

写下所有已知条件。

· 安全带的长度是67厘米。

· 你需要将炸药推进去的距离是 $50\frac{1}{4}$ 厘米。

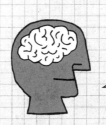

你的解答

答案

$50\frac{1}{4}$厘米是67厘米的$\frac{3}{4}$。你可以将安全带折叠,让其长度恰为$50\frac{1}{4}$厘米。

解答步骤:

1. 解决问题的关键在于使用分数,而非小数,这样你就可以把它们表示成同分母的数。这能让你轻松地算出你要把安全带折叠多少来得到需要的$50\frac{1}{4}$厘米。最简单的着手方法就是画一张安全带的示意图。

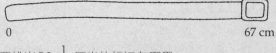

现在你要找出$50\frac{1}{4}$厘米的标记在哪里。

2. 把67厘米除以2,可以准确地找到安全带的中点。在示意图上标注$33\frac{1}{2}$厘米。

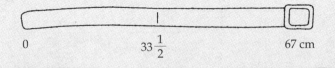

3. 现在你要找出图上$50\frac{1}{4}$厘米的位置。从图中可以看出,$50\frac{1}{4}$厘米大概在安全带中点和67厘米标记中间的位置(或者说大约是整个长度的$\frac{3}{4}$)。所以,我们来求出这个中间的位置所对应的数,并在图中(中点前、后)再添两个刻度。将一半的长度($33\frac{1}{2}$厘米)再除以2,得到:

$$33\frac{1}{2} \div 2 = \frac{67}{2} \div \frac{2}{1} = \frac{67}{2} \times \frac{1}{2} = \frac{67}{4} = 16\frac{3}{4}。$$

4. 也就是说,你可以在图上再添两个刻度:中点之前 $16\frac{3}{4}$ 厘米处和中点之后 $16\frac{3}{4}$ 厘米处。把 $16\frac{3}{4}$ 加上 $33\frac{1}{2}$,得到第二个刻度对应的值。

$$33\frac{1}{2} + 16\frac{3}{4} = 33\frac{2}{4} + 16\frac{3}{4} = 49\frac{5}{4} = 50\frac{1}{4}。$$

0	$16\frac{3}{4}$	$33\frac{1}{2}$	$50\frac{1}{4}$	67 cm

5. 嘿!你找到了 $50\frac{1}{4}$ 厘米的位置!它正好是安全带全长的 $\frac{3}{4}$。你也可以建立方程求出答案。如果 b 为 $50\frac{1}{4}$ 厘米占 67 厘米的比例,那么:

$$67 \times b = 50\frac{1}{4},$$

$$b = \frac{3}{4}。$$

6. 现在,你知道如何把安全带四等分折叠,以便你把炸药推到门下的准确位置了吧?拿一段小纸条当安全带,先试一下吧!

首先,把安全带拉直到完整的长度(1)。

接着,握住安全带右边,将其对折。你得到叠在一起的两段等长的安全带 ($\frac{1}{2} + \frac{1}{2} = 1$)。

现在,拿起上面一段安全带的左边并将它对折。你正好将先前得到的一半长的安全带再一分为二,得到等长的两个 $\frac{1}{4}$ 段安全带 ($\frac{1}{2} + \frac{1}{4} + \frac{1}{4} = 1$)。

将从左边折上来的最后一段安全带翻转到右端。现在你就得到 $\frac{1}{2}$ 段加 $\frac{1}{4}$ 段安全带,结果是 $\frac{3}{4}$ 段安全带,这就是安全带上等于 $50\frac{1}{4}$ 厘米的长度!

数学实验室

　　因为上述挑战中的计量单位制是百进制的(就像1美元等于100美分),所以你能够毫不费力地进行其中的计算。这说明你具备了在另一种美制长度单位体系下解决问题的能力,那个体系充满了十二进制、三十六进制等等。

　　在此实验中,我们将前面挑战中的问题转换成美制计量单位,你会发现上述解决方法是多么有用。按照前面的解答步骤解决这个不太熟悉的问题,并且试着通过剪断或折叠不同长度的细绳为自己或朋友克服不同的挑战。

实验器材

- 细绳
- 剪刀
- 测量卷尺

实验步骤

1. 量出并剪下一段2英尺(约61厘米)的细绳。

2. 现在给自己一个挑战:把细绳变成18英寸长。

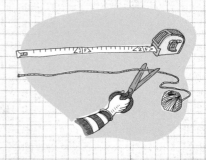

提示:2英尺等于24英寸,18是24的 $\frac{3}{4}$,所以你要找到细绳的 $\frac{3}{4}$ 位置。

3. 因为1码等于36英寸,所以你的工作相当于把 $\frac{2}{3}$ 码变成 $\frac{1}{2}$ 码。

4. 重复挑战中的解答步骤,把细绳对折,接着把对折得到的其中一半再次对折……然后把第二次对折的那部分展开,就可以得到 $\frac{3}{6}$ 码即 $\frac{1}{2}$ 码了。

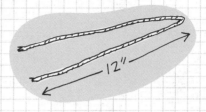

只要你有足够的把握,你还可以用它来考你的朋友,或者用相同的技巧设计新的挑战。

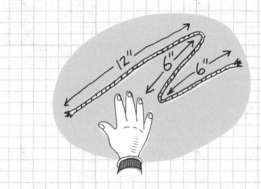

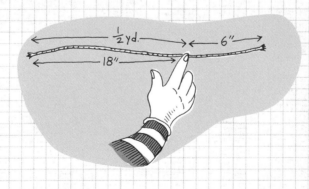

1089 的戏法

你可以为你的朋友表演这个有意思的戏法。请确保他有纸和笔，因为他需要做一些计算。表演这个戏法的最好方式是蒙住你自己的眼睛或背对着你的朋友。

你要喊出"第一步"、"第二步"等等，并把每个步骤逐字逐字清晰地告诉你的朋友。练习一下这套程序，直到把它背下来：

第一步：想一个三位数，要求从左至右的各位数递减，把它写下来。

第二步：把刚才写下的数反转地写出来，使从左到右的各位数递增。

第三步：用第一步的初始数减去第二步得到的数。

第四步：把第三步得到的数反转地写出来。

第五步：把第三步和第四步得到的数加起来。

说到这里，你稍作停顿，然后告诉他们，答案是1089！

只要开始时的三位数从左到右的各位数递减，总是会得到同样的结果。

图书在版编目（CIP）数据

惊险至极的12个数学挑战/（美）康诺利著；江春莲，冯琳，鲁磊译.—上海：上海科技教育出版社，2016.1（2024.8重印）

书名原文：The Book of Perfectly Perilous Math

ISBN 978-7-5428-6252-5

Ⅰ.①惊... Ⅱ.①康... ②江... ③冯... ④鲁... Ⅲ.①数学–少年读物 Ⅳ.①O1-49

中国版本图书馆CIP数据核字（2015）第133226号

责任编辑　卢　源
装帧设计　符　劼

"脑洞大开的数学"系列

惊险至极的12个数学挑战

［美］肖恩·康诺利　著

江春莲　冯　琳　鲁　磊　译

出版发行　上海科技教育出版社有限公司
　　　　　（上海市闵行区号景路159弄A座8楼　邮政编码201101）

网　　址　www.ewen.co
　　　　　www.sste.com

经　　销　各地新华书店

印　　刷　启东市人民印刷有限公司

开　　本　720×1000 mm　1/16

印　　张　8

版　　次　2016年1月第1版

印　　次　2024年8月第10次印刷

书　　号　ISBN 978-7-5428-6252-5/O·967

图　　字　09-2014-494号

定　　价　25.00元

The Book of Perfectly Perilous Math
24Death-defying Challenges For Young Mathematicians
by
Sean Connolly
First published in the United States by Workman Publishing Co.,
Inc. under the title: The Book of Perfectly Perilous Math
Copyright © 2012 by Sean Connolly
Illustrations Copyright © by Allan Sanders
Published by arrangement with Workman Publishing Company, New York
This edition arranged with Workman Publishing Co.
Through Big Apple Agency, Inc., Labuan, Malaysia.
Simplified Chinese Edition Copyright © 2016
by Shanghai Scientific & Technological Education Publishing House
ALL RIGHTS RESERVED
上海科技教育出版社业经Big Apple Agency, Inc.
协助取得本书中文简体字版版权